儿童好奇心动物大百科

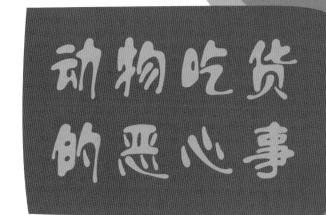

动物吃货的恶心事

〔阿根廷〕卡尔拉·巴莱德斯
〔阿根廷〕依爱娜·洛特斯坦恩 著

〔阿根廷〕冈萨罗·卡尔西亚·多德里格斯 绘

魏淑华 译

石油工业出版社

儿童好奇心动物大百科

本套书是阿根廷优秀的儿童科学读物，由一批以物理学、生物学、化学为背景的作者共同打造完成。故事有趣新颖，语言风格幽默又热情洋溢，激发了小读者们的好奇心和阅读兴趣。这套书在阿根廷一经出版就受到了读者追捧，多次再版，获得了阿根廷图书的各种奖项。相信它肯定会带给你不一样的阅读体验！

Why Do Elephants Have Long Trunks?
Author: Carla Baredes & Ileana Lotersztain
Illustrator: Gonzalo García Rodríguez
Copyright © ediciones iamiqué, 2003
Simplified Chinese Copyright © Petroleum Industry Press, 2017
This Simplified Chinese edition is published by arrangement with ediciones iamiqué S.A., through The ChoiceMaker Korea Co.
All rights reserved.
本书经阿根廷ediciones iamiqué S.A.授权石油工业出版社有限公司翻译出版。版权所有，侵权必究。
北京市版权局著作权合同登记号：01-2017-7221

图书在版编目（CIP）数据

儿童好奇心动物大百科．动物吃货的恶心事 /（阿根廷）卡尔拉·巴莱德斯，（阿根廷）依爱娜·洛特斯坦恩著；（阿根廷）冈萨罗·卡尔西亚·多德里格斯绘；魏淑华译．-- 北京：石油工业出版社，2018.1
    ISBN 978-7-5183-2160-5

Ⅰ．①儿… Ⅱ．①卡… ②依… ③冈… ④魏… Ⅲ．①动物—儿童读物 Ⅳ．① Q95-49

中国版本图书馆 CIP 数据核字（2017）第 236900 号

总 策 划：张卫国　周家尧
选题策划：鲜德清　艾 嘉
艺术统筹：艾 嘉
责任编辑：曹秋梅
营销编辑：张 哲
出版发行：石油工业出版社
（北京安定门外安华里 2 区 1 号楼　100011）
网 址：www.petropub.com
编辑部：（010）64523614
团购部：（010）64523731　64523649
经 销：全国新华书店
印 刷：鹤山雅图仕印刷有限公司
2018 年 1 月第 1 版　2018 年 1 月第 1 次印刷
889×1194 毫米　开本：1/16　印张：3.75
字数：50 千字
定价：24.80 元

此书献给胡里，他总是敢于品尝任何没有吃过的东西；

此书献给潘秋，他从来不敢吃任何没有吃过的东西；

此书还献给华金，他吃东西的方式总是跟别人不一样。

目 录

在这本书中你会解决的问题

咱们假设一下：你此刻饿得奄奄一息，孤零零地在一个没人的村子里。你真是绝望极了，还得找吃的东西，但是唯一能找到的就是一盒桃罐头、两个臭鸡蛋、几个小石子儿、一件破毛衣、牛的粪便，还有一小杯尿……你选啥？

真是

餓啊！

薯条还是毛衣？

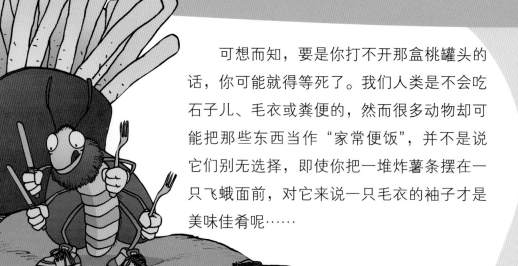

可想而知，要是你打不开那盒桃罐头的话，你可能就得等死了。我们人类是不会吃石子儿、毛衣或粪便的，然而很多动物却可能把那些东西当作"家常便饭"，并不是说它们别无选择，即使你把一堆炸薯条摆在一只飞蛾面前，对它来说一只毛衣的袖子才是美味佳肴呢……

虽然一样，但依然不同

每种动物的饮食习惯与它们用来填饱肚子的"工具"相关。小鸟尖尖的嘴巴很容易啄起种子和果子，蚊子像针一样的嘴巴很容易吸血，而狮子那尖利的牙齿对于切割、撕咬以及咀嚼肉食来讲真是再理想不过了……

动物是怎样得到这些捕食的"工具"的呢？秘密就在于动物之间的差异。

看似一模一样的两只动物之间也存在细小的差异，这种差异成为动物吃东西的有利工具，你知道为什么吗？翻到下一页，你会发现线索。

找出这两头犀牛的五个不同之处

9

长鼻子的大象

这么长的鼻子，不舒服吧？

我也想要一条长长的鼻子。

多么与众不同啊！

从前有一对大象夫妇，它们有两个孩子，分别叫作"短鼻子"和"长鼻子"。"短鼻子"和它的爸爸妈妈长得一样，而"长鼻子"一出生就有一个比其他大象都要长许多的鼻子，很引人注目。

大象一家人在一起快乐幸福地生活着，直到干旱的季节来了。不久，植被开始缺水干枯，食物也出现了不足。大象因为缺少食物而经常挨饿，它们开始为一点点食物互相争斗。

可是，"长鼻子"依然和从前一样健康。原来它那条长长的鼻子可以够得着别的大象够不到的食物，比如树叶、果子，以及更高处的枝条。就这样，"长鼻子"吃着高处的食物慢慢地度过了干旱的日子，而其他的大象由于饥饿都渐渐地死去了。

虽然"长鼻子"并没有想成为一只独特的大象，但是它那长长的鼻子使它吃得更好，因此就活得更久，生了更多的孩子。在这些孩子里有的鼻子长、有的鼻子短。而每当食物短缺的时候，那些长着长鼻子的大象总是比短鼻子的大象过得要好一些。因此，跟它们的爸爸一样，鼻子长的大象的寿命更长，拥有的子女数量更多（当然，有些孩子也是长鼻子的）。

时光飞逝，"长鼻子"的孙子辈大象们又有了自己的孩子，而这些孩子又生育了后代，就这样，子子孙孙不断繁衍。今天到处都是长着长鼻子的大象，因为长鼻子更容易生存下去。

我爸爸跟我说过我的太太太太太祖母的鼻子是短的。

真的假的？

好可怜啊！

太荒唐了！

好奇怪！

大象的鼻子为什么是长的？

很久以前，大象的祖先们都很矮小，鼻子都是短的，样子类似现在的貘。那么，大象是怎么变成今天体型庞大而拥有一个长长的鼻子的呢？很多科学家给出了一个解释，和"长鼻子"的故事差不多，他们的解释是这样的：

偶然的原因，某些大象出生时的鼻子稍微长了一点儿，这点差异，让它们在寻找食物的时候，有了更多的优势（当然，开始时长鼻子并没有和吃东西联系起来）。它们的某些后代中遗传了这点优势，可以活得更长，拥有的后代更多。而这种优势在后代中代代相传，出现了越来越多的长鼻子的大象……

随着大象的鼻子越来越长，它的肌肉也越来越结实，这样才能支撑起它沉重的身体；大象的脑袋也越来越大，这样才能支撑起它的"超级大鼻子"；与此同时，大象的身材也变得日益庞大，只有这样，才能支撑起它那沉重的头颅。

但是有一点儿你得知道：这种发生在大象身上的变化不是一天内完成的，大象也不是"刻意"选择这种变化的。大象不会说："要是我的鼻子更长点，我就能比别的大象吃更多的东西啦"。这是某一天突然发生在一头刚出生的小象身上的差异，给了它更多的便利，可以让它比别的同类具有更大的优势而已。而这一优势又遗传给了它的后代，后代们也具备了这种差异。就这样，过了很长时间，这种差异性变成了大象身上的一种共性而已。

在经过 6 千万年的演变之后，所有的大象都变成了今天的样子：长长的鼻子，庞大的身躯以及硕大的象足。那么，再过上 6 千万年，以后的大象会变成什么模样呢？或许还是和今天的大象一模一样，或许稍稍不同了，又或许，世界上连一头大象都不存在了。

开饭啦！

很多动物都和大象一样，采用许多"工具"来帮助自己吃东西。这些工具有的非常简单，而有的十分高级，甚至连五金店的师傅们都打造不出来呢。

每种动物吃饭的"家伙事儿"都和它们所吃的食物有关，所以，不仅动物吃饭的工具不同，而且它们每天各自的"菜谱"也不一样呢。有的菜谱平淡无奇，有的种类丰富；动物吃东西时，有的胃口大开，所吃的东西毫无定量，而有的动物进食时可是斤斤计较；至于动物们吃的东西嘛，有的的确是非常普通，而有的"大餐"可谓别出心裁，连人类的厨师都甘拜下风。

除了工具、菜谱不一样之外，动物们进餐时的"举止和仪态"也大不相同：有的动物斯斯文文地用餐，好似王公贵族一般；有的恨不得在卫生间里一边上厕所一边吃。

好了，小朋友们，现在找一个靠垫，脱掉鞋子，舒舒服服地准备好，听接下来的故事，我们来了解一下动物们吃东西时的趣闻吧。

餐具的故事

你家有餐刀吗？

在很久以前，衡量一个人是否有钱，最好的办法就是在他大摆宴席的时候数一数桌子上摆了多少餐刀。如果超过一把，此人就算得上相当有钱；要是宾客们每人手上都有一把餐刀用，那么主人一定是个真正的富人；要是每个餐盘旁边都摆放着一套皮质的餐盒，里面有 5 把餐刀（一把大的，一把用于切割食物，三把不同的小型餐刀用于吃面包），另外再加上一个磨刀的工具，毫无疑问主人肯定是个超级大富豪。

在当时的普通人家，食物是事先在厨房里用普通的刀子切好再拿到餐桌上的，这些食物往往不能切得很精细，人们只能费力地用牙齿啃咬这些大块儿的食物。

要是哪户人家有一把餐刀的话，无疑是带有特殊的意义的。主人不仅用这把餐刀吃饭，还常常带着它去各种地方，比如去赴宴、去酒馆、去干活……哪怕是出门在外的时候，餐刀也是不可分离的好伙伴。

给我开个椰子吧？

你想想，要是吃椰子的时候没有刀可够费劲了吧？然而有些动物可是能轻而易举地切开它，然后一小口、一小口地享受美味的椰汁呢。

亲爱的，给我开个椰子吧？

要是你想吃椰子而手头没有刀子的话，可以找椰子蟹帮忙。正和它的名字一样，这种动物是吃椰子的好手。要是在附近没有找到落到地上的椰子，这种螃蟹会爬到树上，举起它庞大的钳子拽下椰子。椰子一旦落地，就可以用它强壮的双螯剥开坚硬的椰子壳，然后仔细地把美味的椰肉送到嘴里，多讲究啊！

在捕食猎物的时候,一个有力的下颚比什么工具都好使。要是你不信的话,可以问问鳄鱼,它可拥有动物王国里最有力的下颚。当它在水边发觉到"美餐"的时候,它就神不知鬼不觉地从水下偷偷地靠近猎物,然后张大嘴巴突然冒出来,一旦鳄鱼张开了嘴,那些毫无防备的动物几乎就没有生还之机了。鳄鱼会把它拖到水里,让它窒息而死,然后凶猛地摇晃着脑袋,用牙齿把猎物撕咬成碎片。

咔咔!

啊啊啊啊啊啊!!

你知道一件趣事吗?尽管鳄鱼下颚的咬合力惊人(甚至可以咬死河马),但鳄鱼可是非常慎重使用它的"工具"的。据说,如果用一根细绳子把鳄鱼的嘴巴绑起来,那么它连嘴都不张开呢,怎么样,你敢试一试吗?

你的牙还真不一般啊！

> 你去磨磨牙去！

> 你才去磨牙呢，老家伙！

河狸的牙齿非常特殊，后面的部分是软的，而最前面的部分却坚硬无比。这种动物终日啃啊啃，软的那部分牙齿损耗得厉害，所以剩下的部分就极为尖利，我们可以看到，即便是小河狸，也可以啃咬得动植物的根茎、枝条甚至树干。河狸除了用它的牙齿吃东西之外，还可以用它建造房子呢。

要是米奇老鼠想给鲨鱼一点儿钱的话，那可能会冒着生命的危险才能打开钱夹子（鲨鱼的嘴）。你知道为什么吗？鲨鱼的大嘴巴里长着几排牙齿（而且每颗牙齿都一样），一排挨着一排。当它咬住猎物的时候，第一排牙齿先紧紧地"钉死"在猎物身上，第二排牙齿又马上咬住剩下的部位……你知道鲨鱼一生当中一共有多少牙齿吗？有 3 万颗！

牙好胃口好……

要是人类的牙齿长到膝盖那么长，那该是副什么怪样子？可是大象的牙齿却长达 3 米，你觉得不可思议吧？有了象牙，它们就可以深挖土地用于找寻食物和水源。此外，象牙也是用来攻击和自保的武器。

大象的牙齿看上去是无敌的，它每天咀嚼那些超过 200 千克的树干、根茎以及树皮，大象前面的牙是没用的，主要用 4 颗巨大的臼齿才能进食。由于损耗的原因，这 4 颗臼齿在大象 15 岁的时候就换掉了，在原来的部位又长出新的臼齿接着使用。当损坏后，再更换一副臼齿。不幸的是，大象一生当中只有几次更换臼齿的机会，当最后一副臼齿也损坏后，大象就没有办法咀嚼食物了，最后就只能活活地饿死……

从鲨鱼牙齿的形状上看，我们就知道它是食肉性动物。某些鲨鱼的牙齿好像锯子一般，可以完美地切割大型的动物；而有些鲨鱼的牙齿偏平，正好可以压碎某些动物的甲壳；而另外有些鲨鱼的牙齿弯曲而又锋利，对于捕食鱼类来说，的确是理想的武器。

你的舌头还真是奇怪啊！

为了完全享用自己的战利品，狮子的"工具"可谓十分齐备：用那些小而尖的牙齿咬住猎物，用另外一些尖牙切开皮肉，而用剩下的牙齿来撕碎这些猎物。这些还不算完呢，狮子的舌头也很厉害，上面长着倒刺，舔一舔就可以把骨头上贴着的肉给刮下来。

所以你要想把狮子当宠物养，一定要避免发生两件事情：第一，不要让它的牙齿咬到你；第二，不要跟它很亲热。你想想吧，要是它舔你一舌头的话，可是不得了！

食蚁兽尽管没有牙齿，但是它的舌头可是很了不起。当它发现一个蚁穴时，就用爪子把它捣毁，然后把它那长长的嘴巴伸进去，剩下扫尾的工作就交给它那无敌的舌头了。它细长的舌头上都是黏液，还有倒刺可以防止蚂蚁逃跑，这样一来，蚂蚁们就被一扫而空了。你知道食蚁兽一天能吃掉多少只蚂蚁吗？多达 3 万只呢！

谁的舌头像大象那么重?

厉害的舌头……

蓝鲸的体型庞大,好似一座 10 层高的楼房,它每天都要吃不计其数的海洋动物才能维持生命。你想想它那么庞大的身躯,每天要吃多少食物啊!所以蓝鲸每天都张着大嘴巴在海洋中四处游动。为了尽可能吞食食物,蓝鲸的咽喉处有一个类似风琴的东西,随着水流的进入,这个东西可以变大成一个巨大的球体。蓝鲸捕食时,首先会张开大口,吞入大量海水进入口腔,然后闭上嘴巴,用自己有力的舌头顶向上颚,将口中的海水压出口腔,而鲸须板就负责将那些小鱼、小虾挡住,蓝鲸就可以将那些食物吃进肚子里了。

这里有一个很厉害的数据,鲸鱼的舌头重达 4 吨,几乎就是一头大象的重量了。

变色龙的舌头比它的身体还要长,有了它,就不需要费力四处寻找食物了。变色龙会安稳地待在树上,当某个没有防备的小虫子出现在它的周围时,变色龙会立即伸出黏糊糊的舌头,一下子就把它抓住了。这一切都发生在一瞬间,可怜的小虫子尚未察觉就已经落入变色龙的嘴巴里了。

如果你观察不同种类的鸟，就会发现鸟儿有各种各样的嘴。换句话说，不同鸟儿的嘴长得不一样，有长的、短的、小的、大的，带弯钩的还有扁平的。

鸟儿，你的嘴巴是什么样的？

巨嘴鸟的大嘴巴可不是专门为了游客们拍照而存在的。它可以用颜色艳丽的、长长的嘴巴采集树上的浆果。甚至在有些时候，巨嘴鸟倚靠在枝条上，用它的大嘴巴可以够到非常细的枝条上的果实。

蜂鸟这种动物在食物方面是非常挑剔的，它唯一吃的东西就是花蜜。花儿的形状有很多种，所以蜂鸟科中鸟儿的嘴巴也长得不一样。有的鸟嘴又长又细，好像针管一样；有的鸟嘴是弯钩状的；还有些蜂鸟的嘴是短的，可以用来吸食扁平花的花蜜。

鸟儿，你吃什么东西呀？

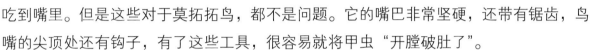

甲虫的营养丰富，但是想吃到它有两个麻烦的地方：第一，甲虫的外壳很光滑，不容易抓到；第二，甲虫的外壳很坚硬，不容易吃到嘴里。但是这些对于莫拓拓鸟，都不是问题。它的嘴巴非常坚硬，还带有锯齿，鸟嘴的尖顶处还有钩子，有了这些工具，很容易就将甲虫"开膛破肚了"。

角雕这种飞禽最喜欢的美餐就是猴子和树懒。当角雕在树上发现猎物的时候，它就一下子俯冲下来，用爪子抓走猎物，然后带回到自己的"餐厅"里。尽管角雕没有尖利的牙齿把猎物咬成碎片，其实根本用不着，它的嘴巴坚硬锋利而且带弯钩，非常厉害，甚至连铁钩船长虎克都比不上它呢。

当苍鹭肚子饿的时候，它就弯下脖子，把头扎进水里，然后一动也不动地等着。如果有哪条美味的小鱼游到苍鹭身边，它就迅速伸长脖子，一下子啄起鱼儿，那细长的尖嘴，好似长矛一般。

把食物捣成泥儿、变成汁儿

有一种臭虫非常厉害，是一些昆虫的"杀手"。尽管它没有牙齿，也没有像鸟儿一样的嘴巴，不具备什么特别的工具来对付猎物。但是，这种臭虫进食的时候，选择的却是"蟋蟀沙冰"或是"蚂蚁汁儿"这样的"饮料"。那么，它是怎么制作"饮料"的呢？这种臭虫会在猎物的脑袋上开个小孔，然后注入嘴里分泌的一种汁液，就是用这种"注射"的办法，可怜的小虫子被"液化"后就变成了臭虫的饮料了！

关于饮食的故事

一个和平
的斗士

历史上有很多民族都曾为了国家独立而不懈地斗争。这些民族都有他们自己的首领，这些人组织和带领人民为他们的正义而奔走呼号。

在这些领袖当中，最有名的有莫罕达斯·甘地，他为了印度从英国殖民统治下独立而做出了伟大的斗争。你或许会问，这个看上去瘦瘦小小的、没有了头发的，而且长相和善的小老头做了什么了不起的事？他的斗争方式坚决而且有力，没有硝烟和子弹，也没有长矛和利剑。

在甘地进行的伟大斗争中，他曾经号召所有的印度人民不要购买英国人出售的任何东西，其中就包括食盐，当时的英国出售给印度的盐无比昂贵。为了证明印度人民自己可以制盐，甘地亲自带领上千人到海边利用海水制盐。

英国人被甘地的行为激怒了，把他监禁在牢里。然而，为了表明绝不退缩的决心，甘地开始绝食抗议，宣告绝不进食，除非英国不再剥削和压榨印度人民。

甘地的绝食运动掀起了轩然大波，随着时间一天天地过去，这个世界上最平和的领导者竟然要在牢中被饿死……此事的影响巨大，最后英国人不得不释放了甘地，并且接受了甘地提出的抗议条件！

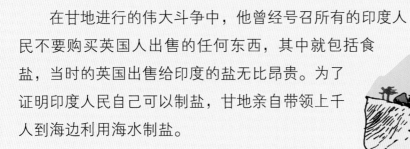

小鸟真的吃得很少吗?

有人对你说过"你吃得跟鸟儿一样多"这样的话吗? 如果是因为你吃得很少的话, 那么说这话的人就大错特错了! 鸟儿虽小, 但和其他所有的动物一样, 每天消耗很多能量, 它吃下的东西可比体型比它大的动物多得多呢!

你不要再吃了!

我正在按照动物学家的建议节食呢。

是吗? 什么建议啊?

就是和别的动物一样吃喝啊。

鼩鼱是一种神奇的动物, 它的体重 3-5 克每天却要吞吃 3 克的昆虫。你是不是觉得它吃的有点儿少? 的确, 尽管这种动物比你吃的东西要少得多, 但是要跟它的体重比起来就不得了了! 或者我们可以这样计算, 如果你的食量和它一样好, 你至少每天得吃掉 200 个汉堡包才行。

这还不算完, 要是这种动物在三个小时之内没有吃东西的话, 它就会饿死的。亲爱的鼩鼱啊, 你这是什么样的饮食方式啊!

蜂鸟是一种现存的体型最小的鸟类, 你知道它每天要吸食多少花蜜吗? 几乎和它的体重一样呢! 要是你吃掉跟你体重一样的冰淇淋, 你会有什么感受呢?

你多久才吃一顿饭？

我一个月采购一次吃的东西。

狮子要是和鼩鼱或蜂鸟那样不知疲倦地进食的话，草原上大概就不剩什么动物了。幸好狮子不是这样的，吃掉一只羚羊后，狮子可以一个星期不吃东西。要知道羚羊可是不小的动物，体重能占到狮子的四分之一呢。

骆驼可以不吃不喝地连续数日奔走几千米。在驼峰里储存着旅行当中需要的热量和纤维，此外，骆驼的胃也很特殊，里面一些特殊的分区，可以用来存储多达 120 升的水来供给身体需要的消耗。

　　要是你在沙漠里徒步旅行 15 天的话，你得带多少水和食物啊……

每样吃的都来点儿

你是那种只吃一样东西的人吗？要真是的话，你得注意啦：你"违背"了人类的属性啦。我们人类就是要吃很多种食物的动物，肉啦、鱼啦、水果啦、蔬菜啦、蛋啦，以及粮食和谷物，等等。只有这样，我们的身体才能健康。所以，每样食物都吃点儿才更加理想。

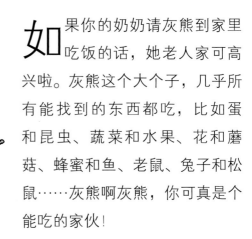

如果你的奶奶请灰熊到家里吃饭的话，她老人家可高兴啦。灰熊这个大个子，几乎所有能找到的东西都吃，比如蛋和昆虫、蔬菜和水果、花和蘑菇、蜂蜜和鱼、老鼠、兔子和松鼠……灰熊啊灰熊，你可真是个能吃的家伙！

再来点儿汤吧!

要是你的奶奶请来吃饭的是熊猫的话,那她就会感到十分沮丧。你知道原因吗?因为熊猫吃东西可挑剔了,它只吃竹子!熊猫吃竹子的时候,会坐下来选一根细细的竹子,理一理,再送到嘴里;吃完这根再挑一根,慢条斯理地吃掉,然后再挑一根……就这样,一天下来大约要吃掉40千克的嫩竹子。

要完成吃竹子这项工作,熊猫有一个神奇的工具,那就是熊掌上的"六指"(实际上,是腕骨的延长而已)。就像人类的食指一样,有了这根"指头",熊猫就可以牢牢地握住竹子了。

哪种动物吞下的食物比自己的脑袋还大?

吞蛋蛇,蛇一般吃东西时是这样的:一口下去,连蛋壳全部吞下去。但是,要是蛋比自己的脑袋还大怎么办呢?这种蛇有一个神奇的下巴,可以分作两个部分,由一个有弹性的组织连在一起。当蛇把蛋吞到嘴里时,它会小心地吞咽,下巴的两个部分就打开。此时,它的嘴巴张得非常大,它一边让蛋慢慢经过"关键部位",那里有一根刺状物,可以,刺破蛋壳。这样它就可以"优雅"地享用美餐了,它吐出蛋壳,只留下蛋液在肚子里面慢慢地消化。

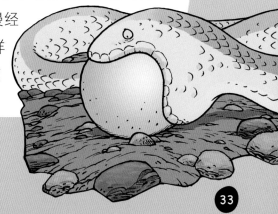

来点儿排骨还是生菜？

你在节食吗？

不是的，我三天前已经吃过了。

要是大熊猫请你吃东西的话，那时间可就长了，对它来说，一整天的时间都在吃东西；反之，要是请你的是狮子，可就用不了几个小时，除非你打算吃饱了之后和它一起眯一觉……

那么为什么狮子一周吃一次东西，而熊猫得每天都进食呢？很简单，一千克羚羊可比一千克竹子的营养成分要高得多。而且，食肉动物需要比那些食草的动物体能消耗要大得多，因为食肉动物想要吃到肉（比如羚羊、斑马、鱼类、禽类、爬行动物或昆虫）不是那么容易的，非得汗流浃背不可呢。

饮食的
喜好

餐饮界的艺术大师

列奥纳多·达·芬奇绝对算得上是他那个时代里天才中的天才。他给世界留下了那么多精妙绝伦的绘画作品（其中，就有著名的蒙娜丽莎），而且他还是雕刻家、音乐家、文学家、科学家、设计大师、工程师、建筑学家，他差点儿还成了"厨师"！

达·芬奇深信"食物的色相"，因此他讲究餐品的摆盘，对待烹饪像对待一件艺术品一样。此外，他认为一份好的食物应该清淡而且营养均衡，任何配料都不应该掺杂到食物当中，不应该用酱料或是佐料来掩盖食物本身的味道。

倘若达·芬奇活到今天，肯定会在某一家时尚餐厅里当大厨。但是他生活在 500 多年前，他的主张和理念在那个时代是完全行不通的！那个时代的人们喜欢重口味的食物，只要是厨房里有的：食物上加足了佐料或满满地堆在盘子上端出来就行。

当时的米兰公爵卢多维科·斯福尔扎曾任命达·芬奇为宫廷宴会的策划。这对达·芬奇是一个极大的挑战：既要让食客们满意，又不能完全放弃自己在美食上的主张。因此，他创意出了很多新颖的菜品，而且加入了那个时代的配料，现在就请你看看达·芬奇给出的一些菜谱吧。

菜 单

- 梅子海狮肉
- 猪尾玉米饼
- 猪耳胡萝卜
- 秘制奶油羊蛋
- 面包屑鹅冠
- 羊头肉馅饼
- 薄荷酱汁蛇肉
- 秘制鳗鱼肉
- 烧烤豪猪肉
- 香菜薄荷拌鱼肠
- 卷心菜熬羊蹄
- 马肉汤
- 蜗牛汤
- 梅子花椰菜汤

动物食谱上的食物各种各样。有些看上去十分美味，但是很多东西——对于我们人类来讲，可能都古怪极了、令人作呕，或者干脆没法下咽。对于动物们来说，那些东西既不奇怪也不恶心，它们能吃得下去而且可以消化掉。应该说每种动物都有自己的"菜谱"（依据它能找到的食物），而且都有自己独特的工具来帮助它们吃掉这些东西。

都很好吃吗？

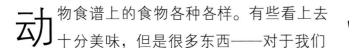

你喜欢吃樱桃、李子和油橄榄果吗？巧了，这些水果也是蜡嘴鸟钟爱的食物，只不过除了果肉之外，它更喜欢里面营养丰富的果核儿。当它在地上找到果子的时候，蜡嘴鸟就用它厉害的嘴巴叼住果子，借用下颚肌肉的力量，"咔嗒"一下子打开了果核儿。

为什么鸵鸟要吃石子儿？ ●

鸵鸟不挑食，几乎见到什么吃什么。但是，如果让它选择，那么它更喜欢吃植物的种子和谷粒。然而也有一个问题，鸵鸟的嘴巴不够尖利不能啄开那些东西，消化起来就有点儿费劲儿。因此，当它享用美味的时候，常常配点"石子儿沙拉"一起吃到肚子里。你知道它为什么吃石子儿吗？石子儿没任何营养，吃下去之后直接进到了胃里充当起碾磨器，就可以把那些谷粒和种子碾碎，这样就可以更好地消化那些食物啦。鸵鸟啊鸵鸟，吃石头子儿，还真是口味重啊！

要是你找到一种叫作死帽蕈的蘑菇，千万可别想着尝一尝啊！这种蘑菇只要吃上一小口，立马让你抽筋、呕吐并严重腹泻。要是你不马上去医院，很快就得送命了。然而，对于兔子来说，吃这种蘑菇就跟吃胡萝卜一样，没有任何的不良反应，毒性几乎不存在。

我就给他吃了几个蘑菇。

哪种动物用尿来佐餐？

哇呕！！！

银鸥的孩子和其他鸟类的幼鸟一样，不能（也不会）独自飞出去找食物吃，因此银鸥的爸爸妈妈需要飞出去（有的时候需要飞行几千米）捕鱼带回来给孩子们吃。它们没有购物车，只能把鱼吃进肚子，存在胃里一个特殊的"袋子"里，在那里鱼肉会慢慢地变成肉泥。等他们到了家，就从胃里把美味的鱼肉泥吐出来喂给孩子们吃。

哇哇哇！

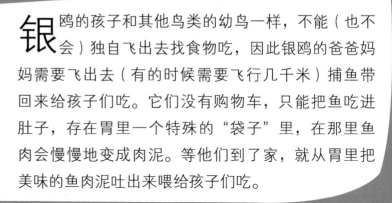

生活在高山地区的山羊和其他所有的动物一样，所吃的食物中都必须有一定的盐分。但是山地草场的草皮含盐量本来就低，再加上时常下雨和下雪，所以地面的盐分损失比较严重。尽管山羊没有盐罐儿，但有自己的解决办法：尿液中是含盐的，所以高山山羊会舔食尿水或是咀嚼尿水浸湿的草皮来补充盐分。听上去有点儿恶心吧！

哪种动物连自己的大便都敢吃？

如果银鸥和高山山羊的故事让你有些反胃，那么接下来这一页的内容你还是不要看了。你知道吗？野兔的菜单上还有自己的粪球，是不是觉得更加恶心了？是的，你没看错，野兔吃自己的大便。

它之所以吃这个不是因为天生喜欢做这么恶心的事，而是因为野兔的粪球中蕴藏着大量的细菌和丰富的蛋白质、矿物元素、维生素等，吃进去这些粪球正好可以促进食物的消化。哈哈，你现在知道要想营养全面该怎么做了吧？

当一对儿屎壳郎夫妇闻到大象新鲜粪便的味道时，就赶紧跑着去赴宴了。它们吃到心满意足、肚子圆圆的时候，就开始推粪球儿了。通过不断地把粪便堆积在一起，就形成一个大大的粪球，然后就一个推、一个拉地运回自己的巢穴。屎壳郎夫妇在每个粪球里面都产下一个卵，等到小屎壳郎出生后，就可以吃父母给它准备的这个"摇篮"（当然，是粪便做的）。直到小屎壳郎长到足够大的时候，就可以从粪球里面爬出来，然后自己满世界找屎吃了。

什么东西闻上去臭了？

秃鹫是肉食的爱好者，可是它不会自己猎取食物，而且它也没有尖利的嘴巴能撕开那些刚刚咽气的动物的皮肉。因此，散发着腐臭气味的、烂软软的动物尸体才是它们最喜欢的佳肴。

秃鹫有时也能吃上新鲜的食物，要么是恰好遇到了别的捕猎者剩下的没吃完的东西，要么是占那些受了重伤、肠子都露在外面的动物的便宜，要么就是发现了别的动物的幼崽儿，真是个坏家伙！

当秃鹫从远处发现尸体的时候，就急匆匆飞下来抢食。一口肉还没到嘴里，就已经有了一大群秃鹫聚拢过来。尽管没人邀请，但还是有其他的秃鹫加入"餐桌"。常常是那些个头最大的、最强壮的先吃，然后是个头中等的，最后才是那些最弱小的秃鹫，为剩下的残羹冷炙互相打斗。

> 喂，该你了！

等到所有的肉都吃干净的时候，就该"胡秃鹫"上场了。它是专门吃骨头的秃鹫，它可以将整根骨头吞下。要是骨头太大，它们还会把骨头从山崖丢到岩石上，弄碎了再吃掉。

蚊子为什么叮人？●

吸血鬼干杯！

你知道我们被蚊子叮了之后为什么会感到痒吗？新鲜而有温度的血液是蚊子最喜欢的饮料。蚊子叮人的时候，小心翼翼地落在你的皮肤上，然后用它那尖尖的、针一样的嘴巴刺破你的皮肤。从它的"针"里注射一种液体可以让血液稀释，然后再用它那针一样的嘴巴美美地吮吸一番。蚊子唾液里包含的这种能抗血液凝结的物质正是让我们感到痒的物质。还有一件事情，我们得知道，那些叮咬我们让我们感到痒的都是母蚊子，而公蚊子只吸食植物的汁液。

> 为我们所有蝙蝠侠们再来一杯！

> 这帮无聊的蝙蝠，是不是搞笑……

吸血蝙蝠是所有恐怖电影中的完美角色，它们住在黢黑的山洞中或是深井里，或者隐藏在荒废的宅子里。每到深夜，万籁俱寂，大地一片安静的时候，它们就飞出来捕食，而且专门吸食猎物的鲜血！

当蝙蝠发现一匹熟睡的马、一头猪或是牛的时候，就蹑手蹑脚地落在它们身上，再用舌头舔这些动物的皮肤，直到皮肤变得软化，再用自己尖利无比的牙齿刮擦一下这些部位，最后深深地一口咬进去。接下来就非常恐怖了：蝙蝠一边舔，一边释放出包含凝血素的唾液，等到动物的鲜血流出来的时候，蝙蝠就用它带有沟槽的舌头开始大吸特吸。

要知道，蝙蝠唾液里含有的凝血物质常常被医生们用来治疗某些心脏类的疾病。

你今天想吃点什么？

你想不想尝尝狗肉排骨？要么就来点儿刚从海豹胃里取出的尚未消化的蛤蜊？或许，你想在开席之前喝一碗燕窝汤？要是不喜欢，也可以来点儿美味的烧烤狼蛛？下酒菜嘛，就来点儿油炸蟋蟀、毛毛虫或是蝗虫？饭后小食嘛，可以尝一尝蜜蚁或是烧烤切叶蚁的味道。

你会想谁吃这些东西？没人能吃得下啊？那你就错了。现如今，在世界上一些地方就是有一些人恰恰在吃上面说的菜肴，并不是这些人吃东西古怪，而是他们的祖父母、父母或是亲朋好友都在吃这些东西……或者这么说，你吃的有些东西在他们看来还古怪呢。所以说，人类也好，动物也好，所谓的饮食偏好没有严格的标准……

进餐礼仪

吃东西时不要讲话！

原始人不会有专门坐在桌前吃饭的时候，有两个原因，第一，那时还没有餐桌；第二，没有专门的用餐时间，他们只要找到食物就可以吃了。因此，原始时期的人类用餐时间都非常短，而且也没有任何的餐具、餐巾纸。

很多年之后，当人类开始耕种土地、饲养家畜时，食物就变得丰富起来，甚至可以储藏一部分，等到想吃的时候再吃。人类的用餐习俗也发生了变化，他们可以有专门的时间来用于准备丰盛的菜肴，可以决定在哪个时间用餐以及和什么人一起分享。就这样，在工作和休息之余，用餐的时间就变成了一种人们的聚会。

在进餐上，人类为了和野兽有所区别，也为了避免食客们在吃东西时打起来，在宴会和聚餐时开始出现了一些规矩或礼仪。

1530 年，荷兰的哲学家伊拉斯谟写了一本名为《男孩的礼貌教育》的书，里面讲到了人们在餐桌上（生活中）的礼仪应该从小就开始养成。尽管这本书最初是为了培养未来的君主而作，然而一出版就卖出了很多册，而且被翻译成了很多种语言，下面就有一些关于进餐时的礼仪提示，对我们来讲是很有用的。

■ 食物刚端上来时，不要把手放到盘子上，愚蠢的人才这么做。

■ 舔油乎乎的手指或是用自己的衣服擦油，都是极无教养的表现，最好用桌布或餐巾擦去。

■ 不要把自己的手巾给别人，除非是刚刚洗干净的；擤鼻子时，要擤干净，不要还留着鼻涕，那不是珍珠和宝石。

■ 吐痰或是吐唾沫时要背过身子，不要喷到别人身上；有鼻涕或是痰，赶紧清理掉，不要留着让人恶心。

■ 食物如果一口吃不完，从旁边只取食一块儿。

■ 要是有作呕的感觉，就去吐掉，强压在嘴里不吐掉的话，更令人感到恶心。

■ 收紧肚子不要放屁和打嗝儿。

你有什么吃的吗?

今日食谱
油炸蜥蜴
果子

要是你出其不意地光临喜鹊的家,它肯定能在"储藏室"里翻出好多东西招待你:昆虫啦、老鼠啦、青蛙啦,还有壁虎……这种鸟儿不是超市的"采购能手",只不过它每天都在捕食,即使它一点儿都不饿。每次当喜鹊找到一些美味的时候,就带回它居住的灌木丛中,把猎物挂在树枝上,到了吃饭的时候,就不需要再出去挑选什么食物了,只管踏踏实实地坐在餐桌旁等待开饭啦。

每当春天和夏天的时候,仓鼠每天都忙于找寻过冬的食物,比如植物的种子、根、茎,以及各种干果。仓鼠不是一样一样地把这些食物运回自己的窝,而是全部塞在嘴里,随着越来越多的食物塞进来,仓鼠的脸变得越来越鼓。要是你在路上遇到一只运送食物的仓鼠,你会发现它的腮帮子圆鼓鼓地像个气球一样,沉甸甸的食物让仓鼠都走不动了……

哪些动物把食物放在"活"的储物罐里？

如果有哪种动物担心自己的孩子没有食物吃，那么一定是埋葬虫了，它又叫葬甲虫、锤甲虫，是一种食腐类甲虫。在选择食物的时候，埋葬虫从不局限于小型的动物死尸，比如死老鼠或是死了的鸟。那么一对儿埋葬虫夫妇是怎么处理大型动物尸体的呢？

正如它的名字一样，这种甲虫会把动物的尸体埋葬掉，不可思议吧？一旦埋到了地下，除非盗墓贼，谁也夺不走埋葬虫的食物了。雌虫会在那些动物的尸体里面产卵，然后会开始准备小宝宝的食物，比如拔去动物的皮毛，咀嚼动物的肉，最后吐出一些液体，等到小虫子出生，勤劳的爸爸妈妈会用这些液体的混合物当作食物喂养自己的孩子，直到它们长到自己可以吃东西为止。

蜜蚁，这种蚂蚁主要吃某些昆虫或植物分泌的汁液。当美餐来临的时候，蜜蚁就大吃特吃，然后迅速跑回蚁穴里把吃进去的东西都吐出来，然后另外一只蜜蚁就开始吃这些吐出来的食物。它唯一的任务就是吃到肚子溜溜圆，最后身体膨胀得像一颗葡萄似的。此时，这个带着爪子的"食物储备袋"就静止不动了，从这个时候开始就靠它来分泌蜜露供养别的蚂蚁了。

储藏室

要是荷兰哲学家伊拉斯谟看到某些动物吃东西的样子，肯定会在他的书里再加上几条用餐礼仪了。

你把餐具递给我

啄木鸟很喜欢吃躲在树洞里面的小虫子。但不是所有种类的啄木鸟都有一张又长又尖的嘴巴。有一类啄木鸟的嘴巴又宽又短，它怎么够得到树洞里面的美味呢？原来它会飞到附近的仙人掌那里，拔下一根又长又细的刺，然后再飞回树上，有了这样一根"叉子"，它就可以优雅地吃虫子啦，是不是很符合用餐礼仪呢？

你要是想吃鸵鸟蛋，首先得找一个工具能帮你敲得开它才行。鸵鸟蛋个头儿很大，而且外壳非常粗糙，如果没工具，就可以学一学白兀鹫的技巧。这种非洲大鸟的嘴巴可以叼起一块沉重的石头，然后飞到鸵鸟蛋上方，用石头来砸蛋壳，要是蛋壳一下子破不了，它就不断地努力，一下不成，再来几下，直到蛋壳破掉，真是个厉害的家伙！

海獭喜欢悠闲自得地吃东西，在吃掉螃蟹或是蛤蜊这些喜欢的食物之前，它都是肚皮朝上，漂浮在海面上，一边欣赏着美丽的风景一边吃东西。如果它的牙齿咬不动那些动物硬壳，就采取 B 计划：它会把食物放在肚皮上，然后用一块儿硬石头使劲地敲打带壳儿的猎物，直到敲开它吃到嘴里。

黑猩猩手头上总是有很多"餐具"来帮助它吃到自己喜欢的食物。如果想美餐一顿蚂蚁，它就把一根细长的木棍伸进蚁穴，然后就静静地守在旁边，等到木棍上爬满了蚂蚁就可以拿出来吃掉了。要是找到一个带硬壳的水果，黑猩猩还会用石头当作"胡桃夹子"来敲开它。此外，它还会咀嚼树叶和树皮，然后吐出来，作为"海绵"，黑猩猩利用这种"海绵"就可以把存在树洞里的水吸出来。黑猩猩，你的工具还真多啊！

我也想学海星呢！

要是你和海星一同进餐，你肯定会觉得它吃东西的样子很恶心。当海星找到美味的贝壳时，它会用自己的足牢牢地抓住，然后使劲儿地把贝壳掰开一个细缝儿，接下来它的举动就非常古怪了。海星会从嘴里吐出自己的胃，然后把胃放到贝壳里去，一旦把贝壳里的肉吃掉了，它就把胃再一次吞回到肚子里去。海星的这种吃法儿真是绝了！

这是什么吃法儿！

猫头鹰要是去餐厅吃饭，肯定会因为吃相难看而被赶出来的。遇到美味的老鼠时，猫头鹰一口就把猎物吞到肚子里。不一会儿，它动也不动地吐出了一个圆圆的小球儿来。如果你有胆子仔细看看，就会发现那是猫头鹰消化不掉的东西：毛皮啊，牙齿啊，指甲啊还有骨头，可怜的老鼠啊！要是猫头鹰读过伊拉斯谟的书，至少应该知道在餐桌上需要吐出东西的时候，应该讲究一点儿，起码应该转过身啊……

奶牛进食时为什么要打嗝儿？ ●

话题"人物"：**奶牛**

如果要选出一个"最差用餐礼仪"的动物，那么一定非奶牛莫属。首先，奶牛吃东西特别快；第二，它吃东西时不咀嚼，直接下咽；第三，全程吃草的过程中，奶牛头也不抬，一直在吃。

嗝儿！！

你觉得以上这些缺点没什么是吗？好，咱们接着看看奶牛吃饱了之后都做什么吧。由于它不能一下子消化吃进去的草料，所以需要反刍，意思就是把第一次吃到肚里半消化的草再吐出来，继续大嚼特嚼再吞回肚子里，直到体内的微生物细菌再把这些东西完全消化为止。

事情到这里还没有结束呢，肚里的那些微生物虽然看不见，但是它们工作时却给奶牛带来了一个麻烦，那就是会制造大量的"肠胃气"。你知道奶牛怎么排解这些恼人的事情吗？那就是打嗝儿和放屁……你瞧瞧，奶牛一边打嗝儿一边放屁，是不是太不讲究了！

好了，你已经非常了解动物的"餐饮菜单"啦，准备好参加一个盛大的典礼吧！现在轮到你挑选出下面比赛的获胜者，请预备，拿支笔，我们开始了……

欢迎来到
颁奖典礼！

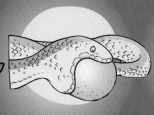

最好用的餐具：_____

最佳食谱：_____

最稀奇的食物：_____

最恶心的食物：_____

最聪明的动物：_____

最贪吃的动物：_____

最讲究的动物：_____

最邋遢的动物：_____

开饭啦！

尽管我们刚才的比赛很好玩，但是很明显，动物们才不在乎谁更聪明，谁更讲究或者谁最邋遢，它们唯一关心的是如何在大自然里生存下去，因此"吃得好"才更为重要。

动物们没有袋子能把食物从这儿运到那儿，也没有用来储藏食物的瓶瓶罐罐，更没有餐刀用来切割这些东西，但是它们可以达到这些目的，尽管有时候动物们所用的方式在你看来是非常不可思议的、甚至很不舒服。唯一重要的是，动物可以最大限度地利用自身的条件去寻觅食物。

正是动物们各自拥有独特的工具，它们才能找到吃的东西。动物的食物尽管有些是你从来没有想过可以吃的那些东西。其实这样也很好啊，要不然，如果地球上所有的动物都吃的是同一种食物，那么早就没有可吃的东西了。

除了动物之间互相猎食之外，动物们也有自己专有的食谱，比如有的吃肉、有的吃骨头、有的吸血、还有的吃叶子、吃果子或是吃种子……

谈到吃的东西，大自然中其实没有一样会被浪费掉，包括每一种动物从皮毛到粪便、每一种植物从果子到根，统统都可以成为大自然中的食物，其中的每一样都有可利用的价值……只不过需要用适当的工具来猎取或加工这些东西而已。

好啦，小朋友们，我们的这本书就到这里了，或许你在这本书里面读到的知识让你记得某只小动物，或者让你了解到动物们找寻伴侣，生育后代和组成家庭的一些趣事。如果你想告诉我们你最后的评比结果，那么可以给我们发电子邮件。我们特别想知道你叫什么名字，今年几岁，你最喜欢做什么事情以及所有你想跟我们说的话，那么你现在就给我们写信发邮件吧，加油！

译者序

2007 年时天涯网上有一个关于儿时读过的科普书籍的调查，在网友们纷纷暴露年纪的发言中，《少年科学画报》、《世界真奇妙》以及《十万个为什么》等读物好似童年的老友一般重现在我们面前，是啊，从 20 世纪初到今天，世界发生了如此翻天覆地的变化，当年的小读者们——大约 20 世纪 70 年代末到 80 年代初的这一批人很多已经为人父母，而您手上的这本来自阿根廷依米凯出版社的丛书的编者恰恰也是这批人。

依米凯出版社的创立者依爱娜·洛特斯坦恩和卡尔拉·巴莱德斯，连同旗下系列图书的其他主编、插图的绘制者们均是一批永远充满好奇心的人，他们基本上都是物理学、生物学、化学的背景出身，拥有专业知识，同时也有先见之明，他们选择做"世界上最有意思、最具创造力和最新颖的书籍。"正是他们自身对于科学的爱好和分享精神，才产生了这家出版社以及一系列的优质的、并且多次在阿根廷获得金奖的少儿图书。

我们能感受到编者的真诚：在《儿童好奇心动物大百科》中通过娓娓动听的讲述，让孩子们贴近自然、了解生物的多样性，学会尊重生态平衡；在《地球险境历险记》和《太阳系险境历险记》中让孩子们转向更为广阔的世界和无边无际的宇宙；叙述者绝非板起面孔来地教导，而是有着无尽的耐心和关爱，带着孩子们一点点地成长。正是通过这种润物细无声的讲述，知识才汇成涓涓细流，滋润着孩子的童年和少年的心田。

魏淑华

2017 年于北京

《儿童好奇心动物大百科
动物吃货的恶心事》

《儿童好奇心动物大百科
动物多生孩子的独门绝技》

《儿童好奇心动物大百科
动物特种部队的绝杀武器》

《太阳系险境历险记》

《地球险境历险记》

如何使用本书：

　　读书、讨论以及扩展是最大化利用本书的方法。在读的环节，建议教育者们和孩子一同阅读，然后共同探讨其中的细节，每本图书均有延伸读物或是音频视频的推介，可以和孩子们一同观看，寓教于乐。